BEI GRIN MACHT SICH IHR WISSEN BEZAHLT

- Wir veröffentlichen Ihre Hausarbeit, Bachelor- und Masterarbeit

- Ihr eigenes eBook und Buch - weltweit in allen wichtigen Shops

- Verdienen Sie an jedem Verkauf

Jetzt bei www.GRIN.com hochladen und kostenlos publizieren

Anonym

Orts- und Flurwüstungen im Göttinger Raum

GRIN Verlag

Bibliografische Information der Deutschen Nationalbibliothek:

Die Deutsche Bibliothek verzeichnet diese Publikation in der Deutschen National-
bibliografie; detaillierte bibliografische Daten sind im Internet über http://dnb.d-
nb.de/ abrufbar.

Impressum:

Copyright © 2005 GRIN Verlag GmbH
Druck und Bindung: Books on Demand GmbH, Norderstedt Germany
ISBN: 978-3-638-76639-5

Dieses Buch bei GRIN:

http://www.grin.com/de/e-book/64188/orts-und-flurwuestungen-im-goettinger-
raum

GRIN - Your knowledge has value

Der GRIN Verlag publiziert seit 1998 wissenschaftliche Arbeiten von Studenten, Hochschullehrern und anderen Akademikern als eBook und gedrucktes Buch. Die Verlagswebsite www.grin.com ist die ideale Plattform zur Veröffentlichung von Hausarbeiten, Abschlussarbeiten, wissenschaftlichen Aufsätzen, Dissertationen und Fachbüchern.

Besuchen Sie uns im Internet:

http://www.grin.com/

http://www.facebook.com/grincom

http://www.twitter.com/grin_com

Geographisches Institut der Ruhr-Universität Bochum

Landschaften und Ökosysteme Mitteleuropas 2

Themenprotokoll Exkursion Harz SoSe 2005

Abgabetermin: 20.06.2005

Orts- und Flurwüstungen
im Göttinger Raum

1. Die Definition von Wüstung

Als Wüstungen bezeichnet man Flächen, die einst von den Menschen genutzt wurden, die aber aus den verschiedensten Gründen von ihren Bewohnern aufgegeben worden sind. Dabei wird zwischen Ortswüstungen und Flurwüstungen unterschieden. Die Bezeichnung totale oder partielle Ortswüstung steht für eine ganz oder teilweise verlassene Siedlung. Für ein aufgegebenes, ehemalig landwirtschaftlich genutztes, Areal wird der Begriff totale oder partielle Flurwüstung verwendet. Die Kombination von Orts- und Flurwüstung bezeichnet man als Totalwüstung. Bei Wiederbesiedlung oder Wiederbewirtschaftung spricht man von temporären Orts- und Flurwüstungen (KÜHLHORN 1976).

2. Die Ursachen für Orts- und Flurwüstungen im Göttinger Raum

Die ersten urkundlich belegten Wüstungen im Untersuchungsraum erscheinen mit wenigen Ausnahmen Anfang des 14. Jahrhunderts, die letzten in der zweiten Hälfte des 15. Jahrhunderts. Die Wüstungsperiode erstreckte sich also ca. 150 Jahre.

Wenn man sich die nähere Umgebung Göttingens anschaut, findet man auf der Topographischen Karte 1:50000 Niedersachsen im Bereich des Blattes Göttingen (L 4524) einen Wüstungsquotienten von circa 52% (von den 147 Städte und Dörfer während des Spätmittelalters gibt es heute noch 70 Siedlungen). Im Bereich des ostwärts angrenzenden Blattes Duderstadt (L 4526) sind rund 55% der Ortschaften aufgegeben worden und im nördlich an dieses anschließenden Blattes Osterode am Harz (L 4326) beträgt der Wüstungsquotient sogar circa 64% (von 132 Siedlungen wurden 84 verlassen) (KÜHLHORN 1974).

Bei der Untersuchung dieser Erscheinungen kann davon ausgegangen werden, dass eine Kombination von Ursachen vorgelegen hat. Man geht davon aus, dass in der Phase der Ausdehnung der Siedlungen teilweise auch Flächen einbezogen wurden, die auf Dauer die auf ihnen lebenden Menschen nicht ausreichend versorgen konnten. Die Böden waren langfristig nicht für den Ackerbau geeignet und es trat eine Ermüdung des Bodens auf. Ein weiterer Grund für das Wüstwerden von Siedlungen waren die starken Bevölkerungsverluste infolge von Pestwellen im 14. Jahrhundert. Mit dem Auftreten der Seuchen hing auch die spätmittelalterliche Agrarkrise zusammen. Durch die hohen Bevölkerungsverluste sank der Bedarf an Getreide. Die Folgen waren sinkende Agrarpreise durch die geringe Nachfrage, die die landwirtschaftlichen Einkommen so sehr verringerten, dass die Bauern es vorzogen, in die Städte zu ziehen und dort Lohnarbeit zu verrichten. So kam es zu verbreiteten Wüstungserscheinungen, die nicht nur durch die völlige Aufgabe ganzer Dörfer (Ortswüstungen) gekennzeichnet waren, sondern auch ganzer Ackerflächen (Flurwüstungen). Eine weitere Rolle bei der Aufgabe ganzer Dörfer waren die zahlreichen Fehden während des 14. und 15. Jahrhunderts. Darunter hatte besonders die Landbevölkerung zu leiden. Meist griff man die Dörfer mit ihren Fluren an. Damit wurden während des ganzen Mittelalters die wirtschaftlichen Grundlagen von den jeweiligen Kriegsgegnern vernichtet. Das Sicherheitsbedürfnis der ländlichen Bevölkerung konnte dazu führen, dass einige Feldmarken (von einer Gemeinde landwirtschaftlich genutztes Gebiet) zusammengelegt wurden und die Bewohner mehrerer Orte sich in einem Ort ansiedelten, so dass übrige Orte und Feldmarken wüst wurden. Als ein weiterer möglicher Grund sind noch die Klimaschwankungen zu nennen. Durch einige mittelalterliche Urkunden über Unwetter, Dürrezeiten, Überschwemmungen Hungersnöte usw. konnte man einige interessante Hinweise finden. Zum Beispiel herrschten im Zeitraum zwischen 1428/29 und 1459/60, 13 strenge Winter, in 8 Jahren davon gab es Kälterückfälle im Frühjahr und es gab 6 Sommer, die sehr reich an Niederschlägen waren. Durch diese Klimaschwankungen könnten Änderungen des Grundwasserspiegels aufgetreten sein. Bei Dürre sank der Grundwasserspiegel und die Felder hatten besonders unter Trockenheit zu leiden. Bei einem Anstieg hingegen wurde das Pflugland zu nass, besonders bei den im Bearbeitungsgebiet vielerorts vorhandenen tonig-lehmigen Böden (KÜHLHORN 1976).

Welche von diesen verschiedenen Ursachen für das Wüstwerden einzelner Orte verantwortlich zu machen ist, muss in jedem Einzelfall untersucht werden. In den Urkunden finden sich, wenn überhaupt einmal die Aufgabe einer

Siedlung festgehalten wurden, meist keine Hinweise darauf. Von den alten Dorfstellen ist, mit Ausnahme von einigen Wüstungen, deren Kirche als Ruine erhalten ist (zum Beispiel Leisenberger Kirche), heute nur noch wenig erkennbar. Relikte der mittelalterlichen Fluren sind nur noch im Wald zu erwarten. Es finden sich Wölbäcker und Terrassenäcker wieder.

3. Beispiele für Orts- und Flurwüstungen

3.1 Die Wüstung Leisenberg

Leisenberg ist ein gutes Beispiel einer mittelalterlichen Wüstung mit Kirchenruine, Hauspodesten, Brunnen und der vollständig unter Wald erhaltenen Wölbackerflur (KÜHLHORN 1970). Die Kirchenruine ist der zentrale Teil der Wüstung Leisenberg, die circa 3 km westlich von Gillersheim gelegen hat (Abb. 1). Die 1305 erbaute Kirche gehörte zum Besitztum des Klosters Catlenburg und wurde in den Jahren 1460/70 wieder verlassen. Die erhaltenen Mauern der Kirchenruine wurden 1984/85 teilrestauriert. Die älteste Urkunde der Besiedlung Leisenbergs stammt aus dem Jahre 1281.

Abb. 1: Die Kirchruine der Wüstung Leisenberg

Quelle: Foto vom 18.05.2005

Die typische mittelalterliche Langstreifenflur (KÜHLHORN 1970) von Leisenberg war zunächst 120 ha groß. Um 1320 betrug die Größe ca. 230 ha und erreichte damit ihre weiteste Ausdehnung. Die Anzahl der Hofstellen zu dieser Zeit wird auf etwa 20 geschätzt. An verschiedenen Stellen in diesem Bereich können heute noch die ehemaligen Ackerflächen erkannt werden. Es handelt sich um sogenannte Wölbäcker (Abb. 2).

Abb. 2: Wölbäcker im Kreis Göttingen

Quelle: http://www.umweltbundesamt.de/fwbs/publikat/reisef/laender/ni6.htm

Wölbäcker sind streifenförmige Parzellen von circa 8 – 20 Metern Breite, die sich zur Mitte hin aufwölben. Die Wölbung entstand durch die Nutzung des sogenannten Streichbrettpfluges, der von außen nach innen langsam das Erdreich aufschüttete.

In Leisenberg gibt es auch noch den alten Dorfbrunnen, der vor circa 20 Jahren freigelegt wurde. Er besteht aus einem 7 m tiefen Trockenmauerwerk. Das Dorf Leisenberg fiel wahrscheinlich wegen Wassermangel wüst.

Dass dieses alte Dorf noch heute so gut im Gelände erkennbar ist, verdankt es dem Wald, der die Reste des Dorfes konservierte. Seit 1995 ist die Kirchenruine denkmalgeschützt. Die Strukturen der alten Wölbäcker werden seitens des Forstamtes durch angepasste Walderntetechniken geschützt.

3.2 Die Wüstung Moseborn

Die Wüstung Moseborn ist im Nordosten Göttingens und südwestlich Holzerode gelegen (NORDWESTDEUTSCHER UND WEST- UND SÜDDEUTSCHER VERBAND FÜR ALTERTUMSFORSCHUNG 1988; www.umweltbundesamt.de/fwbs/publikat/reisef/_laender/ni6.htm). Das Gelände ist schwach reliefiert. Die Nutzung beläuft sich fast ausschließlich auf Grünland, meist Wiesenland (Abb. 3; NORDWESTDEUTSCHER UND WEST- UND SÜDDEUTSCHER VERBAND FÜR ALTERTUMSFORSCHUNG 1988; ARCHÄOLOGISCHE KOMMISSION FÜR NIEDERSACHSEN E.V. 1974).

Abb. 3: Bewuchsmerkmale auf der wüsten Ortsstelle Moseborn (Gemeinde Holzerode) im schräg aufgenommenen Luftbild (Falschbarbenfilm) im Jahre 1972

Quelle: ARCHÄOLOGISCHE KOMMISSION FÜR NIEDERSACHSEN E.V. 1974, S. 81

Das ist der Grund, weshalb Wegspuren sowie Kleinformen der ehemaligen Beackerung gut erhalten sind. Durch diese Nutzung jedoch sind die Untersuchungsmöglichkeiten der Dorfstelle schwierig. Der Ort Moseborn wurde vermutlich im 12./13. Jahrhundert gegründet. 1397 ist sie erstmalig schriftlich erwähnt worden. Die Turmruine der Kirche, der Mäuseturm, markiert die Lage der Dorfstelle. Das Gebäude weist einen fast quadratischen Grundriss auf.

Zur Untersuchung der Wüstung wurden verschiedene Methoden angewandt, die miteinander kombiniert wurden. Beispiele hierfür sind die Auswertung von Luftbildern, Bohrprofile und Kartierungen von Kleinformen und Oberflächenfunden. So kam man zu dem Ergebnis, dass das Dorf eine lockere Siedlung war, die sich um die Kirche gruppiert hat. Es gibt sowohl Einhäuser wie auch Gehöfte mit Nebengebäuden, wobei die bebaute Gesamtfläche etwa 240X220 Meter einnimmt (NORDWESTDEUTSCHER UND WEST- UND SÜDDEUTSCHER VERBAND FÜR ALTERTUMSFORSCHUNG 1988; ARCHÄOLOGISCHE KOMMISSION FÜR NIEDERSACHSEN E.V. 1974). Im Siedlungsgrundriss ist zu erkennen, dass die beiden sich kreuzenden Wege offensichtlich als Orientierung für die Anordnung der Gehöfte dienten. Die Gesamtzahl der Gehöfte beläuft sich auf etwa 8 bis 10. Sowohl Stein- als auch Profanbauten bilden das Fundament der Gehöfte (ARCHÄOLOGISCHE KOMMISSION FÜR NIEDERSACHSEN E.V. 1974). Das Gelände, das die Dorfstelle umgibt, ist von prägnanten Wölbackerkomplexen umgeben, die zum Teil noch aus der Neuzeit stammen (NORDWESTDEUTSCHER UND WEST- UND SÜDDEUTSCHER VERBAND FÜR ALTERTUMSFORSCHUNG 1988).

An dieser Ortsstelle kreuzen sich zwei alte Wege. Die Relikte des Kaufmannsweges bleiben in Form von Hohlwegen und Hohlwegbündeln erhalten. Dieser Weg führte von Göttingen zum Harz. Er wurde bis in die frühe Neuzeit benutzt (NORDWESTDEUTSCHER UND WEST- UND SÜDDEUTSCHER VERBAND FÜR ALTERTUMSFORSCHUNG 1988). Es wird vermutet, dass in der ersten Hälfte des 15. Jahrhunderts der Großteil der Bewohner nach Holzerode gezogen ist, das benachbart liegt. Ein Beleg dafür ist die Tatsache, dass die Kirche in späterer Zeit noch von Bewohnern des Ortes Holzerode bei bestimmten kirchlichen Feierlichkeiten genutzt wurde (ARCHÄOLOGISCHE KOMMISSION FÜR NIEDERSACHSEN E.V. 1974).

3.3 Die Wüstung Bettenrode

Die Wüstung Bettenrode liegt im Reinhäuser Wald südöstlich von Göttingen zwischen Friedland, Reiffenhausen und dem Gartetal. Bis zum Spätmittelalter waren hier einige Ortschaften vorzufinden. Eine ungünstige und marginal siedlungsgeographische Situation führte dazu, dass diese Ortschaften wüst fielen (NORDWESTDEUTSCHER UND WEST- UND SÜDDEUTSCHER VERBAND FÜR ALTERTUMSFORSCHUNG 1988). Die kleine Siedlung befand sich in einer Spornlage mit felsigen Steilhängen. Ein Wall und ein Graben sorgten für die Befestigung. Eine Überlieferung gab es seit circa 1100 (http://www.grote-archaeologie.de/wuestungen.html). Der Platz stellte einen der Wirtshöfe dar, der das Kloster Rheinhausen mit Naturalien und Einkünften versorgt. Kurz nach 1500 fiel die Ortschaft wüst (www.grote-archaeologie.de/wuestungen.html).

3.4 Die Wüstung Vriemeensen

Die Wüstung Vriemeensen beziehungsweise Vrien Mense[1] liegt bei Meensen[2] und gehört der Gemeinde Scheden an (www.grote-archaeologie.de/wuestungen.html; KÜHLHORN 1974). Sie ist eine überackerte Ortswüstungsüdwestlich von Göttingen. Die einzelnen Siedlungsbereiche vom 14. bis 19. Jahrhundert sind fein kartiert. Das randlich erhaltene Steinwerk aus der Spätgotik, ist grabenumschlossen. Im Umkreis befinden sich ein Gerichtsplatz sowie die Höhenburg Brackenberg aus dem Spätmittelalter. Weiterhin sind die steinigen Überreste der Pfarrkirche St. Laurentius Merkmale im Gebiet der Wüstung. Außerdem sind in diesem Zusammenhang zwei profane Steinwerke des urkundlich überlieferten örtlichen Niederadels zu verzeichnen (www.grote-archaeologie.de/wuestungen.html).

4. Literaturverzeichnis

Archäologische Kommission für Niedersachsen e. V. (1974) (Hrsg.): Nachrichten aus Niedersachsens Urgeschichte. Band 43. Hildesheim 1974

Institut für Historische Landesforschung der Universität Göttingen (1974) (Hrsg.): Historisch-Landeskundliche Exkursionskarte von Niedersachsen 1:50000 Blatt Göttingen

Kühlhorn, Erhard (1970) (Hrsg.): Historisch–Landeskundliche Exkursionskarte von Niedersachsen – Teil 2 : Blatt Osterode am Harz - Erläuterungsheft, Hildesheim

Kühlhorn, Erhard (1974) (Hrsg.): Historisch–Landeskundliche Exkursionskarte von Niedersachsen – Teil 3 : Blatt Göttingen - Erläuterungsheft, Hildesheim

Kühlhorn, Erhard (1976) (Hrsg.): Historisch–Landeskundliche Exkursionskarte von Niedersachsen – Teil 4 : Blatt Moringen am Solling - Erläuterungsheft, Hildesheim

Nordwestdeutscher und West- und Süddeutscher Verband für Altertumsforschung (1988) (Hrsg.): Stadt und Landkreis Göttingen. Führer zu archälolgischen Denkmälern in Deutschland. Band 17. Stuttgart 1988

www.grote-archaeologie.de/wuestungen.html (Recherchedatum: 29.05.05, letztes up-date: unbekannt)

www.umweltbundesamt.de/fwbs/publikat/reisef/laender/ni6.htm (Recherchedatum: 04.06.05, letztes update: unbekannt)